一句话
停止内耗

〔日〕托　米◎著　　黄少安◎译

北京科学技术出版社

Seishinkai Tomy ga Oshieru 1byo de Fuan ga Fukitobukotoba by Seishinkai Tomy
Copyright © 2020 Seishinkai Tomy
Simplified Chinese translation copyright © 2024 by Beijing Science and Technology
Publishing Co.,Ltd.
All rights reserved.
Original Japanese language edition published by Diamond, Inc.
Simplified Chinese translation rights arranged with Diamond, Inc.
through Pace Agency Ltd.

著作权合同登记号　　图字：01-2024-1317

图书在版编目（CIP）数据

一句话停止内耗 / （日）托米著；黄少安译 . —北
京：北京科学技术出版社，2024.8（2025.1重印）
ISBN 978-7-5714-3915-6

Ⅰ . ①一… Ⅱ . ①托… ②黄… Ⅲ . ①心理调节 – 通
俗读物 Ⅳ . ① B842.6-49

中国国家版本馆 CIP 数据核字 (2024) 第 090109 号

策划编辑： 张晓燕		**电话传真：**	0086-10-66135495（总编室）
责任编辑： 张晓燕			0086-10-66113227（发行部）
责任校对： 贾　荣		**网　　址：**	www.bkydw.cn
图文制作： 管银枝		**印　　刷：**	三河市华骏印务包装有限公司
责任印制： 吕　越		**字　　数：**	98 千字
出 版 人： 曾庆宇		**开　　本：**	710 mm × 1000mm 1/32
出版发行： 北京科学技术出版社		**印　　张：**	8
社　　址： 北京西直门南大街 16 号		**版　　次：**	2024 年 8 月第 1 版
邮政编码： 100035		**印　　次：**	2025 年 1 月第 3 次印刷
ISBN 978-7-5714-3915-6			

定价：48.00 元

序　言

　　我是托米，一名精神科医生，同时也是一名专栏作家。

　　如此身份的我，大约于 10 年前在社交软件上注册了账号，但一直把它闲置，不曾好好经营。直到 2019 年 6 月，无意间听到朋友们最近很热衷这一社交软件，我才下定决心好好经营自己的账号。

　　关于内容，我想在上面发一些能够帮助到别人的东西，于是想到了"驱散不安的话语"。作为一名精神科医生，我的基本工作就是诊断对方是否患病，以及为确诊者实行必要的药物治疗。尽管我也想为每一位患者给出更周到、更细致的建议，但奈何每日问诊的患者实在太多，我能分给每一位患者的时间实在有限。我知道我一日能够接诊的患者至多数十人，但如果是在网络上，我便能帮助更多的人。

　　所幸我有很多的灵感和内容。因为我从事精神科医生这一职业大约也有 15 年了，我用笔记本记录下了许许多多平时能够用到的话语。于是，我就开始将这些内容上传到我的账号上，眼看着关注者的人数增长了起来。我在和众多关注者的交流过程中，又萌生出了许多新的话语，这样的良性循环，让我拥有了源源不断的灵感。最初才仅仅3000名关注者的账号，在不到半年的时间里，关注者已经超过了11万。

这本书，便是从我的账号上严选出的"驱散不安的话语"的作品集。有位关注者曾给我留言说："我想每天入睡前都读几遍托米老师的话语。"这些话语如今终于化作了书籍实物。

无论是睡前，还是上班前的早晨，抑或是工作中感到疲惫时，请随时打开这本书。如果能够让你的心情变得稍微好一点、再好一点，我便满足了。

精神科医生托米

目录

第一章 让别人失望也没什么大不了

第二章 不改善人际关系也无妨

第四章 放下越多执念，你的内心就越强大

让别人失望
也没什么大不了

001
放手

减轻压力唯一的方法
就是"放手"。

对执着放手。
对"不这样做不行"放手。
对控制他人的欲望放手。
可以放手的东西有很多。
越是放手，心就越轻松。
最后留下的是
无论如何也放不下的东西。
那就是活着的理由。

002

失 望

让别人失望
也没什么大不了。

想要做好自己想做的事情，
总会在什么地方让某些人失望。
最明事理的人不会对人失望。
第二明事理的人
失望了也不会说出来。
最不明事理的人
会专门跑过来说：
"我对你很失望。"
对这样的人你不必在意！

003

突然的示好

突然向你示好的人，
也会"突然讨厌你"。
你最好有心理准备。

这种人，最初总把你理想化，
中途幻想破灭就会讨厌你。
可以说，这是他们的拿手绝活。
跟这样的人相处时不要被他带了节奏。
若能跨越这个阶段，也有可能成为朋友。

004

离 职

在一个团队中，
真出现什么问题的时候，
最沉稳的那个人会先走。

沉稳的人离开时，不会攻击任何人。
所以谁都觉察不到出问题了。
越是沉稳的人悄无声息地离开，
说明问题越大。
反而有人吵吵闹闹要离开的时候，
说明问题不大。

005

将来

人越是焦虑，
就越爱担心将来。

将来会发生什么还是未知，
如果你要提前担心，
就有担不完的心。
回头看看，
你已经不知不觉挺过了很多难关。
放心吧，今后也会如此的。

006

累 了

如果精神不济，
本来不在意的事情
也会变得很在意。

大脑有保护机制，
会让你忽略不重要的信息。
但如果你累了，这个功能就会失效。
你会在意别人的目光、负面的信息。
如果你觉得无法释怀了，
就是你已经累了的证明。

007

被排挤

被人排挤时该怎么办？
被排挤就被排挤，
随它去吧 。

反正硬凑在一起玩，彼此也不会开心。

别觉得被排挤就是被欺负。

"只是不适合那个群体"，这样想就可以了。

并不是非要和大家在一起才是所谓的正确。

008

愤 怒

当对方不是我想的那样，
愤怒这个东西就冒出来。
所以，不抱期待的话，
也就不会愤怒。

这样考虑后会发现一个事实：
原来期待没什么好处。
成熟的人从不期待，
坦然接受事物本来的样子。

009

自我肯定感

提升自我肯定感的方法，
不是通过别人去填补
自己的不足。

你可以大声唱歌，可以慢跑，
可以学习，可以旅行。
总之，以你自己的方式去思考、去尝试。
但不要通过别人的存在填补自己的空缺。
因为那样只会陷入没完没了的恶性循环。

010

想去的地方

趁你还想去的时候，
就去你想去的地方。

总想着"等有时间了再去"，
真到那个时候，你已经不想去了。
在心之所向时奔赴，
你会有更大的发现。
不只是想去的地方，
对想见的人也是一样。

011

“偷懒”

优秀的人，“偷懒”
的能力也很厉害。

不是做什么都必须优秀，
对自己来说不必要的事
可以“偷懒”不做。
这样才能集中力量，
把想做的事做到最好。
“因为大家都在做，那我也做吧。”
真的有这个必要吗？

012

价值观

世界上最可怕的是
相信只有一种价值观
是正确的。

这个世界上，有各种各样的
立场、想法、价值观交织在一起。
它们也跟生物一样，
会随着时间的变化而变化。
如果只用一种价值观去评价，
就会伤害、否定无数人。
做一个思想柔软的人吧。

013

依 赖

最能回避人生风险的
方法之一是：
不过分依赖
任何特定的人际关系。

无论多好的关系，
都有可能轻易失去，
保留一些紧张感或许会更好。
即使钢琴弦那样细的线，
也要备一根弦芯在里面。
持续一生的关系只是一种可能，
并不是绝对的。

014

紧张关系

发现和对方的关系变紧张了，先确认一下是不是开始向对方索求什么了。

最初是只要在一起就很开心，
却不知不觉间开始索求更多的东西，
大多数关系都会在这个过程中变差。
当你放弃索求，关系也许就能改善。
比起希望他为你做什么，
想想你能为他做什么。

015

冷眼

如果有人对你做了
过分的事情，
你只要想"他就是这种人"。
向他投以最冰冷的目光，
冷到连你的愤怒和泪水
都是冰冷的。

他不值得你乱了阵脚。
这样想的话，你就不会再放在心上。

漫画专栏

什么是自我肯定？

真是一份杰作！

自我肯定是"自己认可自己，自己肯定自己"。

这样才有意义。

我太厉害了！我果然是个天才！

咔嚓 咔嚓

不再需要"由他人肯定自己"，

狸猫君
大家快来看呀！给我赞！
发布

不再寻求他人的认可。

狸猫君
大家快来看呀！给我点赞！15分钟前
👍 0人

狸猫君又在让我们点赞了……

向外寻求认可是完全没有意义的事。

016
暂 停

工作也好，学习也好，
无论多么在意，
都不能想做多少就做多少。
如果不适时暂停，
大脑会超出它的极限。

抑郁症往往就发生在这样的时候。
明明已经很累了，觉得厌倦了，想歇一会了，
但因为有需要，所以一直做。
其实已经足够了。
不想再做了的心情，是上天为你按下的暂停键。

017

朋 友

如果朋友不常在一起
就变得疏远，
那便不是真正的朋友。

即使不在一起，
想见面的时候为你腾出时间，
跟你有说不完的话。
你有烦恼的时候愿意倾听，
随时伸出援手。
这样的人才是朋友。

018

找茬

遇到有人故意找茬：
"有本事你来啊！"
最好不要理会他。

这是因为，
故意惹你的人已经算准了，
只要你回应，就对他有好处。
但无论怎么回应，都对你没好处。
不要白白上了他的当。
这种情况还是冷处理吧。

019

保持原则

"既然对方不诚实，
那我也可以不诚实。"
一旦这样认为，你就完了。

即便对方不诚实，也不要改变你的原则。
仔细观察后，仍然觉得对方不诚实就远离。
面对不诚实的人，你最该做的是
将他带给你的影响降到最小。

020

在乎你的人

真正在乎你的人
不是说甜言蜜语的人，
也不是把你像温室花朵
一样保护起来的人。

而是用实际行动告诉你，
你是不可替代的存在。
所以他是从来不会让你感到不安的人。

021

自我厌恶

写给陷入
自我厌恶情绪的你。

真正糟糕的人，
没有自知之明，也没有悔恨之心。
你远比你自己认为的
要优秀得多。

022
焦 虑

时刻都在担心将来，
无法摆脱这种焦虑时，
请你试试这样想。

①几乎所有的事，最后总有解决办法。
②真解决不了的时候，
　　就是人生的转折点到了，
　　试着开始新的事情吧。
你绝大多数的担心都是第①种情况，
偶尔会有第②种情况，
所以基本上都无须担心。

023

出状况

有点发烧或疲倦的时候，
就是身体出状况的预警，
放慢脚步，休息一下吧！

精神也有出状况的时候：
• 容易想起不愉快的事情时，
• 比平时更介意细节时，
• 情绪波动很大时。
这种时候，同样需要放慢脚步，
好好休息一下，便能出现好转。

024

纠结

有什么感到纠结的事
就放手去做吧。

爱纠结的人大多数时候
是忍着不说，忍着不做。
如果能忘了忍着的事也好，
就是因为忘不了才纠结。
既然如此，不妨去做吧。

025

活着的意义

很累的时候，
是你太用力思考
活着的意义了。
不要想太多，
感性地活着就好了。

没有必要从第三视角
去理性审视自己的人生。
像虫子一样活着就好了。
它们一定不会思考"该如何活着"。
就自在地飞翔，感性地活着吧。

026

说坏话

仔细想想：
完全不说人坏话，
我们也能活下去，对吧？

所以试验一下，
当你想要说某个人的坏话时，
就试着去说说另一个人的好话。
坚持做下去，你会发现
你渐渐想不起那个你讨厌的人了。
就从改变行为开始改变我们的思维吧。

027

苦 难

经历过苦难的人，
人格会变得成熟。
很少有人因为经历苦难
而变得不成熟。

人具有将消极事物转化为积极事物的能力。
这是每个人都拥有的能力，
即使你还没有意识到这一点。
那些现在正经历苦难的人，
总有一天会得到回报。

028

自 我

你也许想不到，
自我这种东西，
也是在不断变化的。
它会根据和你在一起的人
而发生变化。

所以，当有人能让你说出
"和这个人在一起时，我更喜欢自己"，
那就多和这个人在一起吧。

029

陪 伴

不管怎么说，
能花时间一直陪伴你的人
是无比珍贵的。

当然，越是一直在一起，
就越会产生很多不满。
但与持久陪伴的价值相比，
那些都是小事。

030

被孤立

当你在团队里受到孤立，
不妨这样想：
"看来这里不太适合我。"

就算是这个团队的老大，
他去了别的地方也不一定就风生水起。
与其为这样不值得的事难过，
不如去保持自己的品格。
换句话说，你无须理会他们。

031

回报

有一种病叫"平等病"。
是一种总想着
"我为他做了……
他却不为我做……"的病。

无意识地向对方要求回报，对方会很累，
自己也会积累不必要的压力。
别太考虑眼前的平等，
只管去做为了对方好的事。
好意是需要一方先展现出来的。

职场有合不来的人

"职场上遇到了非常合不来的人。她总是自以为是，经常说同事坏话，甚至否定他人的人格。我和她的想法完全不一样，她却常常让我附和她的想法。我该怎么办呢？"

——一位 43 岁的女性

咨询

对于这种人，你没有任何办法，所以你也无须做任何事情。

这类人从来听不进别人的话，只想让别人认同自己。因为她想得到你的认同，才跟你说这些话，所以无论你说什么，她都不会改变自己的想法。就算给她听感动全世界的经典演讲，她也不会为之所动。

因此，和她的交往仅限于工作上，不深交，也别太附和她。就算她来寻求你的认同，你也就随意附和几句"是吗""这样啊"就好，这种程度的附和也不会给你自己造成压力。当她逐渐意识到你并没有真的认同她时，她也会觉得无聊，渐渐地也就不再找你说了。

但在这之后，你或许会成为她背后说坏话的那个对象，甚至她已经开始在背后说你坏话了，这是你需要做好的心理准备。但像这样的人所说的闲言碎语，周围其他人也不会放在心上。即使被说了坏话，对你也不会产生不好的影响，所以放心吧，没关系的。

我们很难让她改掉这个习惯，即使真的努力让她改掉了，也没有多大好处，还是算了吧。这种感觉就像面对大海里的海星，吃也吃不下，硬吃也并不好吃。不要浪费自己的精力，将它留给值得你去劝说的人吧。

032

说闲话

如果你身边有人爱说闲话，
想一想"这人很闲呀"，
然后让他的话
左耳进、右耳出就好了。

通常情况下，
光是处理自己的事情时间都不够用了。
而将自己的时间花在自己的事情上，
才是最忠于自己的做法。
这可不是自私。

033
攻 击

保持内心平静的原则是
"不攻击他人"以及
"不靠近有攻击性的人"。

因为即使攻击了，
对方也听不进去，更不会改。
所以没必要攻击。
它只会让双方疲于应付，精力耗尽。
守住了这两个原则，
你的内心就能平静很多。

034
生 气

有些人脾气好得可怕，
为什么能那么好呢？
说到底，是因为
能让他们生气的事情极少。

保持平和这件事本身
就是一种生存技能。
那些无论你生不生气，
都对你的人生没什么影响的事情，
就忽略掉吧。
你能忽略的事情越多，你就越平和。

035

真实的自己

不是说你真实的每一面
都要展现出来。
去展现你真实而美好的
那部分就好。

想让对方了解全部的你，
就将自己消极的一面也展现给对方，
一旦你认为这样做也可以，
那么你所展现的消极部分就会不断扩大。
这才是可怕之处。

036

他 人

如何不在意他人？
反过来想就是，
选出值得你在意的人。

那些真正了解你的人，
那些真心待你的人，
那些有思想的人，诚实的人。
值得你在意的人其实很少。
所以筛选出值得在意的人，
只去关注他们的言行就好。

037

厉 害

以前觉得"有能力的人""优秀的人"很厉害。

但是，现在我觉得
"相处中真诚如初的人"
"总是情绪稳定的人"
才是真的厉害。
或许随着年龄的增长，
所追求的东西也变了吧。

038

将来的事

如果想到将来的事
会让你陷入不安，
那就别去想。

当你努力把现在过好，
将来自然也不会差。
猫咪和狗狗看起来很快乐，
它们一定不想将来的事。
"多想想将来"这句话，
看似是句良言，可千万别被它迷惑了。

039

忘 记

怎样忘记不喜欢的事情？
把心思转向喜欢的事情。

当你又要想起不喜欢的事情时，
就去想想你喜欢的事。
幸运的是，一天的时间有限。
花时间想想自己喜欢的事，
这一天很快就结束了。
"今天我想到了喜欢的事和喜欢的人，
这是美好的一天。"我希望你能这么说！

040

自我肯定感

想获得自我肯定感，
不需要通过
增加人气的方法。

事实上自我肯定感强的人
讨厌成为人气王，
甚至觉得很麻烦。
即使得不到任何关注，也好好做自己，
保持平静，不会为此焦虑。
这种状态才是真正的自我肯定。

041

被否定

即使你被否定了，
也不意味着这是你的错。

大多数情况下，对于对方来说，
是你给他带来了不便，所以才被否定。
你不必把他的言行当真，
也不用为此感到受伤。

042

不陷入

要去练习
不再陷入情绪和执着。
方法如下。

试着放空，去远远审视自己的心情。
"哦，你现在感觉很迷茫。"
"哦，你现在对自己的看法很消极。"
只是把它当作别人的事去看待，
然后就放在那里吧。
当你习惯了这样做，你会发现很多事情
在你想过之后就自然而然淡忘了。

043
原谅

如何原谅一个人？
终极方法还是
不结交你无法原谅的人。

原不原谅的想法，已经束缚了你的心。
我不会与那些给我带来如此麻烦的人交往。
如果不得不和他有些交集，就尽量不走心。
如果不能原谅的人是自己，
那就不要去想不能原谅的那一部分。

044

心 病

面对患者的问询，
我通常这样解释：
"这不是心病，
是大脑功能出了问题！"

我觉得这样表达更准确。
况且"心病"的说法有些偏颇。
心就是心，不该有病态和正常之分。

045

发 怒

发怒是要消耗能量的。
所以，遇事要想想：
"这值得我发怒吗？"

如果你想表达愤怒，
把它交给一个能接受、能改正的人。
只对值得改变的事发怒。
如果不是这样，那就算了。
因为发怒也无济于事。

046

攀 比

人活一世，
只能过自己的人生。
你不能活别人的人生，
也无法得知别人人生
的全貌。

极端点说人生如泡影。
即使这样，
你仍要比较自己的人生和别人的人生，
不觉得很荒唐吗？
打起精神专注自己的人生吧！

047

心 安

每个人共通的人生目标
应该就是心安吧。

外部的目标各种各样。

"我想考取资格证书""我想成功"

"我想找到人生伴侣"……

但我觉得内心的所愿都是"心安"。

如果你没意识到这一点，

就会被外部目标分散注意力，

渐渐远离内心的安宁。当心。

漫画专栏

合不来的人

有时候，没有任何理由，就是会有合不来的人。

这种时候，我们不需要强行迎合。

错！

于你来说这是负担，于对方来说也是负担。

错！

只需要礼貌地道别，这样就好。

承认你们合不来，也是尊重对方的表现。

第二章

不改善人际关系也无妨

048

健康关系

健康的关系是一种
"既能满足你的心，
也能满足对方的心"
的关系。

对方开心的时候，你也开心。
你开心的时候，对方也开心。
如果为了让对方开心而委屈自己，
这段关系就会变得不健康。
一直不纠正的话，你们都会受伤，
从一开始就要避免。

049

放 过

被别人说的话
刺到的时候，
放过去就行了。

有的人天生说话不中听。
如果你跟他较真、生气，
自己的心气就会被消耗。
不要浪费自己的好心情去计较。

050

说话好听

说话好听的人
不见得一定是个好人。

说话好听当然是好事，
但这与人的好坏是两码事。
会用高超的话术掩盖恶意的人，
反而是最危险的。
分辨的方法是：
不要听他说什么，要看他做什么。

051
否定

请习惯
自己的意见被否定吧。

和别人的看法不同是很正常的，
要是总为这样的事情生气，
你的精力迟早被耗尽。
况且，你的意见被否定
并不代表你这个人被否定。

052

情 绪

当你的行为发生改变，
你的情绪也会随之改变。

所以，如果想改善情绪，
改变你的行为就好了。
多去尝试不同的行为，
看看做什么能让你感到最平静。

053

活 着

明明没有任何问题，
却不知为何总觉得空虚。
给感到莫名不安的你。

这不是因为你对当下不满足。
无论身处多么得天独厚的环境，
都会偶尔产生这种心情。
不必为此去寻找所谓"真正的自我"。
活着本就是这样。

054

重 视

我想知道对方是否重视我？
如果你为此焦虑，
最终的做法只能是，
去选择一个重视你的人。

如果你开口去问，对方一定回答：
"我肯定重视你呀。"
但真正的重视，不是约会安排得有多好，
也不是有多么宠溺你，
而在于能够真诚地对待你。

055

犹 豫

明明有自己想做的事，
却因为担心
"别人会怎么想呢？"
而迟迟无法行动时，
别犹豫，去做吧。

那些你想做的事，
总有人认可，也总有人不认可。
但只有认可你的人才会聚集在你身边，
所以无须为此担心。

056

不舒服

其实有不少人，
精神状态不好的时候，
喉咙也感觉不舒服。

- 感觉喉咙堵了，
- 呼吸时喉咙会受刺激，
- 感觉喉咙深处有异物。

因为有时候会出奇地痛苦，
所以首先要去看耳鼻喉科医生，
确认没有异常，再去看精神科医生。

057

联 络

朋友之间
并非见面才是最好。

常常打电话的最佳好友。
常常微信联络的最佳好友。
在社交平台上无话不谈的最佳好友。
朋友不一定非要见面，
能用轻松的联络手段与你畅谈的人，
一样是朋友。

058

讨厌的人

被讨厌的人攻击
或许会让你难受，
但被讨厌的人喜欢
才更糟心。

所以呀，被讨厌的人讨厌，
其实还算正常现象。
别去在意就好。

059

——

温 柔

对人温柔，
不只是为了对方，
自己的心也会变得温柔。

我们不是因为天生温柔才能对人温柔，
而是在对人温柔的过程中，
自己也逐渐变得温柔。

060
哭 泣

眼泪真的好厉害！
不开心的事情来了，
也能跟眼泪一起流走。

哭泣并不是软弱，
反而是强大的表现。
会哭是一种调节情绪的能力。
你甚至可以引以为豪地对自己说：
"这么会哭的我很强大，一定没问题的。"

061

显 摆

当有人在你面前
显摆他比你强时，
远离是最好的办法。

哪怕事实并非如此，
也不要和他争个高下。
因为这样做你也就成了同类人。

062

宝 贵

比起"做什么",
更重要的是
"和谁一起做"。

这个世界上最宝贵的财富,
是那些哪怕做最平凡的事情,
也能将其变成美好时光的人。

063

同 伴

即使当你感觉自己
孤军奋战、无人相助时，
也有人在默默守护着你。

只是他不会马上站出来说：
"我是你的同伴。"
而那些想要攻击你的人
却总是急不可耐地发起攻击。
假借"大家都这么认为"的名义，
壮大自己的声势。
只要你有足够的信念，
就相信你沉默的同伴并继续前进吧。

064

无 用

有些时候，
我们在一个人身上
花了很多时间却没有结果。
你或许会想，
这些时间都白白浪费了。

但你当时确实认为他是值得的人，
他也确实带给你过快乐。
最后，他让你成长，变得成熟。
人生路上，没有哪一段经历是无用的。

065

辛 苦

你怎敢断言，
那些平日里笑得明媚的人
背后没有你哭得多呢？

人不会把自己辛苦的一面展现出来。
别人的艰辛我们是看不到的。
人生就像年轮蛋糕一样，
哭一阵，笑一阵，不断层叠积累。
但正因为这样，人生才丰富美味呀。

066

信 任

所谓的信任，
并不等于依赖对方。

当你说出"这个人值得信任"，
就表示你要对自己的这个决定负责。
在信任他人之前，
你首先得信任自己。

漫画专栏

那天的美好回忆

打倒臭狗！

人都会变。

自己的心情也会变。

饶不了泼猴！

但是，

那天一同经历的美好回忆，

只要你不忘记，它就不会改变。

无论之后你们经历了什么，

那天你们一同经历的美好，无须否定。

打倒臭狗！

正因为有这些美好的回忆，

我们才能够勇敢地活下去。

067

休 息

当你觉得
此刻的自己很虚弱时，
不要对重要的事情
做任何判断。

"做判断"这件事需要耗费大量精力，
在虚弱时做判断会让你更加虚弱。
而且在这种状态下做出的判断，
可能会让事情变得更糟。
虚弱的时候，将一切推迟，先休息再说。

068

功 德

从功德加减的角度
去思考为人处世，
人际关系会变得轻松。

比如，当你被人利用或欺骗，
你要知道，你的功德并没有消减。
反倒是对方的卑劣，
会让对方的功德尽失。

069

重 来

"人生不是游戏，
不可能重来。"
你也这么想吧，
不过这话可是骗人的。

而且不止三四次，想重来多少次都可以。
洗把脸，对自己说：
"我又重新活过来了，明天又是新的一天。"
时间虽然不会倒流，
但你可以一次又一次地改变你的生活方式。

070

疏 远

人际关系里，
能够一直保持的
反倒是少数。

即使一起长大的好友也会突然变得不合。
因为大家都在改变，
所以如果在某个时刻不再合拍，
也是很自然的事。
等过了几年，或许又会突然变得亲近，
现在只是稍微疏远了一点，
也不必太在意。

071

自我防卫

用语言伤害他人的人，
可能只是在保护自己。
因为他认为，
攻击是最好的防御。

可以把他想象成
一个挥着刀大喊"你不要过来！"的人。
遇到这样的人，我们通常会如何应对？
不去靠近他，对吧？
面对用语言伤人的人，
以同样的方式回应就可以了。

072

过 去

忘记过去吧。
如果无法忘记，
优先考虑现在和将来。
还有多余的时间，
再去追忆过去。

如果优先考虑现在和将来，
就没有心思在意过去的事情了。
没错，无法忘记过去，
是你搞错了优先顺序。

073

身体状况

"身体状况不好时，
不要思考事情。"
平时就该养成这个习惯。

身体不好还要用脑，
很容易陷入消极思维。
但这并不是你真实的判断，
只是"因为心情不好带来的负面影响"。

074
赛 场

你生活的世界
和别人生活的世界，
并不相同。

但因为你们身处同一个空间，
会不自觉地认为是站在同一个赛场。
这真是个天大的误会。
你们的赛场本就不同，
嫉妒、比较、炫耀都毫无意义。
不必去在意这些。

075

孤 独

谁死的时候，
都是一个人。
所以，习惯孤独就好。

这里说的习惯，是从积极的角度去看待。
自由自在地打造喜欢的环境，
按照自己的节奏去想事情，
不需要别人对自己负责任。
这是孤独，也是美好的时光。
不孤独的时候很快乐，
孤独的时候也很快乐。
这才是最无敌的，不是吗？

076
同 事

职场上良好的人际关系，
是"能够让彼此工作
进展得更顺畅的关系"，
不是"私交也很好的关系"。

更不是"经常一起去喝酒的关系"。
如果把精力都花在私交上，
工作反倒会变得难做。

077
自我肯定感

要做到自我肯定，
或许还是有些难。
但归根结底，
活着这件事本身，
就已经足够厉害。

活着，就意味着要处理各种各样的事情，
还要平衡好各种各样的关系。
哪怕被上司责骂，
哪怕育儿和家务做得不够好，
哪怕努力了也没有结果，
但你尽力了，这已经很值得肯定。

078

梦想的时机

实现梦想是需要时机的。
所以没有必要强行地
一直去追求。
当然也不必放弃。

就把它留在那里，给它成熟的时间。
为什么这样说呢？因为你的梦想
不一定会按照你想象的样子实现。
它有时会换个样子，
以一种更适合你的方式出现。

079

郁闷一下

人啊，往往会忘记
进展顺利的事情。
只在脑海里
留下那些不顺利的事。

所以，如果你不去注意，
就很容易陷入消极思维。
不过，惦记着不顺的事也没什么不可以。
正因为经历过那些坎坷，才有了现在的你。
偶尔郁闷一下有何不可？
这才像个活生生的人呀。

080

感性水平

在我看来，
决定你生活丰富程度的，
不是你的"生活水平"，
而是你的"感性水平"。

哪怕身边全是奢侈品，有人仍然觉得无聊。
哪怕是过着寄宿生活的学生，
也有人能用心装饰房间，
用有限的食材享受料理带给自己的快乐。
换句话说，丰富不是别人给你的东西，
而是你自己构建的东西。

081

干 劲

谁都有提不起干劲，什么都不想做的时候。

如果这种时候你还在想：
"没力气好好做事，太痛苦了！"
只会感觉更痛苦。
不是这样的，没有干劲的时候，
就是该享受慵懒时光的时候。

082
存 在

最亲的人离去了，
那份悲伤久久不能释怀。
不能释怀就不能释怀吧。

这是不可能释怀的。
那个人已经不存在于这个世上了。
记忆中的温暖、悲伤、愤怒、感恩，
让我们带着这些活下去吧。
这是那个离去的人活过的证明。

083

失落

曾经珍惜过的人，
不再联系自己了，
你一定会感到失落吧。

但如今，即使对方不再需要你，
你也能够好好地生活下去，
所以真没什么好失落的。

084
要 求

当你向对方
提出的要求被满足时，
下一次你会认为理所应当，
向对方提出更高的要求。

对方会逐渐变得窒息，
你也会觉得对方越来越不能满足自己，
双方压力都越来越大。解决的方法是
• 常怀感恩之心。
• 不提更多、更高的要求。

085

人际关系

所谓人际关系，
是依存于某个地点存在的。

职场上让你烦恼的上司、同事、下属，
离开了这个工作地点，就都不复存在了。
人际关系就是如此。
下班回家就全部忘掉。
实在没办法的时候，还可以换个工作。
当你知道还有退路，心情就会轻松许多。

086

精神状态

过度关注自己的内心，
精神就会陷入不安。

总在意他人眼光，
总担心自己的身体有什么毛病，
看到负面新闻总将自己代入，难以释怀，
以前信手拈来的事情，现在突然做不了了。
当你出现上述情况时，
是时候把你的目光从自己身上移开了，
多去关注周围的世界吧。

没什么开心的事

　　"生活里没有一件令自己开心的事情。每天都是上班、下班、回家、睡觉，循环往复。职场的人际关系不太好，交不到什么新的朋友。我该怎么办呢？"

　　　　　　　——一位 27 岁的男性

咨询

快乐是自己创造的。

　　其实，快乐就藏在我们每天重复的生活中，根本不需要什么特殊的活动。当然，特殊活动有特殊活动的魅力，但它顶多也就是锦上添花的东西。

　　首先，最重要的就是去思考：在平凡的日常中，对自己来说什么才是"幸福"。哪怕只想出来一个就好。比如对我来说，下面这些就是幸福：

①从事一份理想的工作（心理诊疗）；

②重要的人在身边。

然后我们反向思考，如果想要在每天的日常中获得这种幸福，应该怎样做呢？

针对第①种情况，那就是要学习专业知识、改善职场环境、结交能够提升工作质量的伙伴。针对第②种情况，需要你和重要的人商量一起生活的方式。如果还没出现重要的人，那就去寻找。

接着，将这些你找到的方法在日常加以实践：参加学习读书会、和伙伴一起吃饭并交流将来的规划等。或许在你日复一日的生活中发生的事情都很朴素，但只要你留心、用心，那些幸福都会一个一个地实现。

当你在回忆起这样的日子时，你就会觉得"我真的很开心呀"。

087

信 用

无论多么重要的人，
当你觉得无法再相信他时，
他就相当于
从你的生命中消失了。

换句话说，
无法信任的人就跟不存在一样。
这就是为什么我们要做诚实、有信用的人，
那样才能立足于世间。

088

外 出

"外出就像历劫，
我根本出不了门。"

当有患者这样说时，我回答道：
"那是因为在家里就很快乐，不是吗？"
患者就笑了，
所以我想这个回答应该还不错吧。

089

警 戒

在你内心软弱的时候，
对那些接近你
并说"交给我吧"的人，
一定要多加戒备！

没有经验的话，或许你会疑惑
"真有那样的人吗？"真的有。
或许你还没意识到你此刻的软弱，
但你已经向外发出了"软弱信号"。
如果此时把事情交给对方，
你很可能会被洗脑。
毕竟这样的人在一开始，看起来都像好人。

090

吵 架

不改善人际关系
也无妨。

如果互相喜欢，
即使吵架也会和好。
如果互相讨厌，
即使不吵架也相处不好。
彼此之间是否有好感，
在一定程度上从一开始就注定了。
只要别做出无礼的事情，
剩下的就顺其自然吧。

091

别人的事

你的烦恼中，
一定有一部分是别人的事。
当你明白
别人的事就是别人的事时，
内心的负担会减轻不少。

"上司说话太刻薄了"

➡ 是说话刻薄的上司的问题。别人的事。

"下属不听话"

➡ 是不听话的下属的问题。别人的事。

说到底，别人的事是对方自己的事，
承担后果的也是他自己。

092
自卑感

自卑感很强的人，
理想往往比较狭隘。

明明有很多种生活方式，
也可以拥有各种各样的理想，
但不知为何自己的理想就是如此狭隘。
在如此狭隘的空间里，
也往往无法达成良好的目标，
因此也很难被认可。
对受困于自卑感的人来说，
问题并不在于能力，
而在于思考方式。

093

动物朋友

把动物当成最好的朋友，我觉得没什么不可以。

与人相处，要处理的信息太多了，
很容易变得疲惫。
你最好的朋友是一只动物，
这并不是什么难为情的事情。
你想把你的心交给谁，
取决于谁能让你感到安心。

094
礼 物

收到礼物时，请记住：
对方的心意就是礼物。

至于是不是自己想要的东西，
对方有没有用心挑选，
有时候跟对方的性格也有关。
我们无须计较这些。

095

幸 福

如果想要变得幸福，
不要考虑"别人怎么看你"，
而要考虑"自己想做什么"。

"别人怎么看你"是别人决定的，
而这又取决于你做了什么。

096

贵 人

有时我们会期待
能遇到一位贵人，
改变我们的人生。

但最能改变我们人生的
其实是我们自己。
带着这样的想法，认真过每一天，
与贵人的相遇可能会悄然而至。
但这并不意味着那个人改变了你，
他只是给你带来了启示。

097

希望与期望

希望与期望并不相同。
希望是单纯的愿望。
而期望是
强加了自己的期许。

祝愿对方变得更好就是希望。
我们不会因为这份希望而生气。
如果会生气，则是因为
你强加了一份你自己的期许——
"我明明想让你变成那样"。
如果你能意识到这一点，就扔掉期许，
将它变成希望吧。

098

寂寞的时候

寂寞的时候，
比起假装自己不寂寞，
还不如坦率地说出：
"我很寂寞。"

每个人都有寂寞的时候，
从严格意义上来说，
活着本身就是寂寞的。
寂寞并不是一件丢人的事。

099

一期一会

此刻的幸福，
只有此刻能够体会。

哪怕是做完全相同的事情，
哪怕回到完全相同的环境，
第一次和第二次、第三次的感受
都会不一样。
随着年龄的变化，
我们对事物的感受也会发生变化。
我们时时刻刻都在变化。
此刻的幸福只属于此刻。
一期一会，无论哪个瞬间，
请好好感受每个当下。

100
笑 容

试着回忆一下
让你感到幸福的时刻吧。

你和你在乎的人都在笑着，对吧？
幸福，不是来自奢侈品或者旅行，
而是笑容带来的。

101
爱自己

我想对那些
总是优先替他人着想，
而让自己很累的人说：

如果你累坏了，也会给别人添麻烦，对吧？
这样想的话，你就能够做到对自己好了。
当我累到无力时，我会对自己说：
　"如果我状况不佳，不是给患者添麻烦吗？"
然后再犒赏自己一番。
就像这样去爱自己吧。

102

压 力

凡事都要分个黑白是非，
否则心里就不舒坦。
这样的人容易累积压力，
人际关系也容易紧张。

让一些事保留在中间地带就好，
这也许很难做到，可以试试这样想：
"分不出对错的事情，就当它不存在好了。"
这样去想，压力就会减轻很多。

103
真 相

很能明白你
"想要了解真相"的心情，
但也请不要忘了，
"有些事情，知道真相后
又能怎样呢？"

那些了解起来耗费心力，
对谁也没有好处的事情，
其实不知道也挺好的。
比如某人的过去或真心话。
这也是为了让我们更好地活下去。

104
朋 友

真正的朋友，
不会刻意装出
一副好朋友的样子。

有时他还会摆出一副臭脸，
甚至跟你大吵，气到你说：
"我不想再见到你了。"
想要找到真正的朋友，
你必须知道
"什么是真正的被在意"。

105

卑微与谦逊

保持谦逊很重要。
但这并不是让你变得卑微，
谦逊是懂得时刻尊重他人。

总和周围的人比较，觉得自己不行，
这是卑微而不是谦逊。
虽然人外有人，但你也不是一无是处。
你有你存在的意义。

106

善 变

有时对某件事感到焦虑，
但当你打起精神，
又不那么在意了。
有时明明讨厌某个人，
有时又觉得他有些可爱。

焦虑也好，爱恨也罢，
内心的情绪可能与真实情况并不相关。
所以没必要被情绪牵着鼻子走。
人的情绪也如同大自然的变幻莫测，
有时阴雨，有时天晴，
有时飞雪，有时雷鸣。

漫画专栏

真正该做的事

文化节

"当你意识到时，已经在做"的那些事情，

就是你真正

应该去做的事情。

你为之狂热，

想要拼尽全力的事情，

反而很多时候，都不能坚持下去。

适合自己，像水一样平淡又不可或缺。

这样的感受才更为重要。

116

第三章

真正值得你烦恼的事情没有那么多

107

趋 势

事情总有顺利的时候
和不顺利的时候。

这就像天气有好有坏一样。
所以顺利的时候别得意忘形，
不顺利的时候别苛责自己。
重要的是，要观察事态的发展。

108

被排挤

如果你被人排挤，
反而说明对方才是
不受欢迎的人。

不拉帮结派就不痛快，
总想做小团体里的老大，
这样的人其实很可悲。
被这样的人排挤，
反而是件好事。
真正受欢迎的人
不会做排挤别人的事。

109
决 心

那些有决心的人，
身上自带一种
飒爽与帅气的气场。

如果你也想成为帅气的人，
就试着下定一个"决心"吧。
为孩子付出一切的决心。
一生为工作奉献的决心。
和爱人相伴一生的决心。
任何决心都可以。

110

忽略与无视

忽略的能力，相当重要。

然而，有些人可能做不到，
他们会因为忽略对方而感到抱歉。
这种时候，只要想着：
"我忽略的不是他这个人，
而是他没有意义的言行。"
忽略言行和无视某人是不一样的。

111
自我肯定感

致缺乏自我肯定感的人：
你眼中的世界，
是因为你的所见而存在。

甚至可以说，
这里只有你和你的世界，玩家就是你自己。
所以肯定感也好，其他的什么也好，
你永远是你自己的主角。

112
心理调节

心理调节的秘诀，就藏在你精神状态好的时候。

当你觉得自己此刻情绪稳定，
请仔细地记住你当下的所有感受：
对事物的感觉、想法、欲望等。
如此一来，当你状态不好的时候，
你就可以回想：
"哦，当我状态好的时候是这样想的。"

113

练习交付

有强烈焦虑感的人，
往往不擅长
把自己的事情交给别人。

尽管知道交给别人会更好，
但就是做不到，想要自己亲自掌控。
而当自己无法掌控时，
焦虑情绪就会爆发。
像这样的人，可以从日常的小事开始，
练习将它们交付给别人。

114

痛 苦

痛苦的时候，不是因为
"想起了痛苦的事而痛苦"，
是因为"你正感到痛苦，
才想起了痛苦的事"。

在这种状态下，
即使没了这个不愉快的回忆来困住你，
也会有其他不愉快的回忆取而代之。
我们没必要让自己一直困在这样的回忆里。

115

输 赢

不服输没什么不好，
但 "无论如何都不能输"
就过于极端了。

有时候要积极求胜，
有时候哪怕认输，也要后退一步。
毕竟，有些事情是你一参与就会输的。
一心求胜的话，
你会变得执拗、狭隘、情绪化，
几乎不会有任何好处。

116

尽兴

当一个人死去，
我们便无法再和他
一起追忆往事了。

所以还活着的时候，
尽情地去畅饮，
尽情地去歌唱，
尽情地去交谈，
和朋友，趁现在。

117

辛 苦

我也一样，
有各种各样的辛苦。

觉得孤独的时候，
觉得难过的时候，
发生了不好的事情的时候，
感到身边没有朋友的时候，
如果有人对我说：
"就是会有那样的时候，
人都有自己的辛苦。"
我的感觉会好很多。
所以我也会告诉你，
我也有那样的时候！

118
淡定的本领

掌握淡定本领的诀窍，
就是做个"度量小的人"。

首先，只关注那些不给你带来压力的人。
如果心有余力，再关注只带来 10% 压力的人，
如果还有余力，再关注只带来 20% 压力的人。
等出现问题再想淡定就难了。
一开始，只和不带来压力的人交往。

119

感受力

人的感受力是会老化的。
曾经觉得"哇"的事情，
会逐渐变得感动不起来。

这就是为什么要有意识地
去持续培养我们的感受力。
可以去接触更多新鲜的事物，
可以去改变一下生活环境，
可以去结识新朋友，和他们聊聊天。
定期地有意去做一些令你感到麻烦的事情。

120
好坏

不需要每件事
都用"好坏"来评判。

和别人处不来时，
有些人会忍不住想：
"到底是谁不好？"
"到底是哪里不好？"
大多数时候，没有谁好谁坏，
只是不投缘或者不合时机。

121

喜欢一个人

喜欢上一个人的方法。

所谓喜欢一个人，
是自然而然地想和他在一起。
不需要任何条件。
就像你"喜欢吃美食"一样，
不需要任何条件。
所以，喜欢一个人也没什么方法。
喜欢的时候，自然就喜欢上了。
不过没有喜欢的人，也没什么不好。

122
自信

总是一副
畏畏缩缩的样子，
别人也会忍不住
想教训几句。

然后被别人说了几句，
就越是紧张，越发地缩手缩脚。
这样形成恶性循环，会逐渐失去自信。
就算有些没自信，但能大大方方的，
哪怕是做同样的事情也能获得更高的评价。
首先从抬头挺胸、把话说清楚开始吧。

123

感 谢

对方感谢的心意
就是你收到的回报。

这样去想，就不会有太多期待，
压力也会减少。
如果是连感谢的心意都没有的人，
今后就别再来往了。
为了更好的生活，
这种程度的"心胸狭隘"是必需的！

124
心 墙

想要和一个在心里
筑起高墙的人变亲近，
就不要打破那面墙。

如果对方讨厌接近，
就尊重对方，保持距离。
这才是对对方的体贴。
当他知道你是可以安心接触的人，
他会主动靠近你的。

漫画专栏

被人背叛时

被人背叛的时候，

再见咯！

比起憎恨，

你不想因为对方，把自己搞成这样子吧。

但如果憎恨不断累积，你的性格会变得扭曲，有攻击性。

伤心难过反倒好些。

虽然两者都是负面情绪。

而如果只是伤心难过的话，

别人也只会觉得你是无法释怀而已。

125

吵架

有一次在高速入口，
有辆车强行插队，
硬挤到我前面，
差点就撞上了。

我紧按了几声喇叭，
对方停下车，走了出来。
我生气极了，但我反而没有下车，
就一直稳稳地待着。
对方没有办法，只能开车离开了。
吵架胜利的办法，就是别回应对方的挑衅。

126

身边之旅

即使不出远门，
也可以拥有美妙旅行。

去当地的图书馆。
去新发现的咖啡店。
带着狗狗兜风，去没去过的公园散步。
尝试从未上过的瑜伽课。
新的体验和生活方式，就在你身边。
这可比去人多的地方远行更有趣。

127
担 心

为了不让别人担心，
有些人会把自己的烦恼
都藏在心里。

但如果是真正在意你的人，
应该早就注意到了——
"他应该是遇到什么烦心事了吧。"
对方已经在担心你了，
所以你就敞开心扉，把烦恼说出来吧。
对方会很乐意成为你的"垃圾桶"。

128

人生的目的

无论是谁，总有一天
都会从这个世界上消失。
所以，本就没有
所谓人生的目的。

每个人，从一出生就如同驾驶着
一架只属于自己的滑翔机。
乘风而行，自在飞翔就好。
等到着陆的那一天，就是结束的时候。
至于朝哪个方向飞，都可以。

129

"有害"父母

拥有"有害"父母的人，往往都有一些共同点。

那就是无法放任父母不管。

既然父母太任性了，明明可以不管不顾，

可就是忍不住听从他们的话。

明明是个好孩子，却深受父母的毒害。

摆脱有害父母的第一步，就是学会拒绝。

"妈，那天我没时间。再见。"

130

心 情

摔倒的时候，
你或许会想：
"好疼，我太惨了！"

但你也可以想：
"还好只是一点轻伤。"
虽然已经发生的事情不会改变，
自己的心情却可以任你改变。

131
气味相投

提升日常幸福度的方法，
意想不到地简单。

远离让你心情不好的人，
靠近让你心情愉悦的人。
虽然有些人不是说远离就能远离，
但在力所能及的范围内，有意识地改变就好。
仅此一点就大不相同了。
坚持这样做，
你就会交到气味相投的好朋友。

132

烦 恼

真正值得你烦恼的事情
没有那么多。

那些从来不烦恼的人，
也一样活得好好的。
比起烦恼，
我们更应该有意识地不去制造烦恼。
找不到答案的事情，不用找到答案的事情，
就别再去想了。

133

被讨厌

被人讨厌，是因为
"你对那个人有意义"。

你的存在，你的言行，
不多不少，刚好对他有意义。
也许在某些条件下，
这些意义能让他转而喜欢你。
所以，当你被某人讨厌时，
你要想"我对他来说，很有意义啊！"

134

看人脸色

比起"会看人脸色"的能力，
"不看人脸色"的能力
更重要。

不去指望对方能自己察觉到，
有意见就说出来，才能减少误会。
"我以为你能明白的"，
这种事后诸葛的话，谁不会说呢？
只要不是攻击对方的话，
有意见当时就要明确表达。

135
倾诉

找人倾诉能变轻松的原因
是你更清楚地知道了，
你的不安和烦恼的全貌。

通过用言语表达出来，
那些你心中乱糟糟的事情，
终于有了清晰的轮廓。
所以你也变得轻松了许多。
如果没有可以立即倾诉的对象，
把烦恼写下来也是个好办法。

136

说"不"

如果你心里已经有了
"不"的结论，
最好尽快说出来。

反正结论不会改变，
因为"说不出口""时机不对"而拖延，
只会越来越难说出口。
就算你什么都不做，事态也在继续发展，
所以还是尽早说吧。

137

说坏话

合不来的人
在背后说了你的坏话?

既然合不来,
说你的坏话才正常呀。
别在意, 没关系。
被合不来的人说好话才更可怕。

138

不空等

不空等的能力很重要。
掌握了这项能力，
世上的压力就少了一半。

例如，在迪士尼乐园排队等待，
➡ 一边排队一边和朋友愉快聊天。
等待下一班飞机，
➡ 在机场愉快地逛一逛。
等待和他的下一次见面，
➡ 好好享受独处的时间。
如果能掌握这样的转变，
你将减少很多时间的浪费。

139

无 解

有些问题是无法解决的。
既然无解，就放着别管。

一想到"解决不了"就很痛苦，
但如果压根不去解决，内心会轻松很多。
就把一切都抛在脑后，随它去。

140

珍惜"食光"

一定要珍惜
和别人吃饭的时光。

如果可以的话，不要看手机。
边吃边闲聊，
一起感叹"真好吃呀！"
你永远不知道
什么时候就没有机会
再和那个人一起吃饭。

141
曲 解

有时你会遇到
完全曲解你的人，
你一定感到很难过吧。

这种时候，你要知道：
"原来世上还有如此不理解他人的人。"
我们要接受这一点。
毕竟不是每个人都善解人意。

142

留余地

在一条拥堵嘈杂的街上，
谁也没有余地给人让路。

但在宽敞宜居的街区，
就很乐意给人让路。
不只是让路，对人也变得温柔。
可见重要的是，
要把自己置于一个富有余地的环境。
当我们无法温柔待人时，
是因为已经累积了太多压力。

143

找答案

据理力争是
想要寻找答案的人
一起进行的事情。

如果对方无意改变答案，
说再多也是浪费时间。
当你发现对方是这样的人，
哪怕装作"嗯嗯，你说得都对"，
也要赶紧远离。

144

人生

多品尝美食，
多用心工作，
多努力学习，
多玩多旅行。

人生是如此绚烂，充满喜怒哀乐。
连烦恼的样子，都那么美好。

145
工作烦恼

工作上的烦恼，
就留在工作岗位上吧。

在家里继续烦恼也没有用，
只是白白浪费时间。
在家里就要休养生息。
等明天到了工作岗位，
再继续烦恼吧。

不能相信别人

"我不相信别人。父母、兄弟、姐妹、朋友、上司，因为我看过了太多背叛，总觉得有一天自己也会遭人背叛，所以变得无法相信任何人。我该怎么办呢？"

——一位 23 岁的男性 ⎯ 咨询

抱着即使被人背叛也无所谓的心态，勇敢地融入人海当中吧！

"背叛"这个词，其实只不过是认为自己"被背叛"的那个人视角下的一个词。从其他角度去看，很多情况下的所谓背叛，只不过是对方不太好说出口罢了。因此，在认为自己被背叛了之前，我们可以养成一个习惯，就是去想想、去查证"事情为什么会变成这样呢"。

这里绝不是要将对方的行为正当化，而是一旦我们认为这就是"背叛"，我们就不再去思考。之所以要养成这个习惯，只是为了能再好好查证一下。

比如，上司许诺了下次一定给你晋升，但如果你接下来的表现没有达到上司的预期，上司就反悔了。虽然你可以认为这是一种"背叛"，但也可以说是理所当然的事情。我们都知道，背叛只会遭人憎恨，捞不到一点儿好处，所以出现这种情况，很多时候都是事出有因。

站在对方的立场上去考虑，我们就会明白，所谓"背叛"，是因为双方期望的结果出现了分歧，从许诺到毁约是有一个过程的。如果你能够真诚地与对方进行充分的沟通，或许就能避免这种情况。

当然，就算我们做得足够好，也不可能完全不遭遇背叛。但仅仅因为可能会被人背叛，就放弃结交朋友、舍弃遇见良人的机会，是不是不太值得呢？勇敢地去闯入人海，即使可能遭遇背叛，我们也定能遇见美好。

146

"断交"

如果你在意的人讨厌你了，就先停止交往吧。

强行和对方联系，只会让他更讨厌你。
如果是考虑到对方的感受，
在对方做出下一步行动之前，
按兵不动才是明智之举。
但是，不能期待"总有一天他会联系我"。
等待让人心累，还会让你做出多余的举动。
就当这段关系已经成为过去式。

147

疏 远

有时明明没什么大不了，
你却被误解、被疏远了。

因为一点小事就疏远你，
说明原本就没什么交情。
如果是一段坚固的关系，
对方要么换位思考，要么捐弃前嫌，
然后你们又会恢复联系。
不要想太多，就静观其变。
等他问到你，再回应就好。

148

争 吵

从不争吵的两个人，
只是看似关系很好。

这也许只是有一方
一直忍着没说出口罢了。
想要保持良好且持久的关系，
偶尔吵一吵才更好。

149

话多和话少

当我们第一次见到新朋友，
往往会下意识地想：
"我得让谈话活跃起来。"

但是一直聊，双方都会很累，
不如顺其自然就好。
有些人话很少，但相处起来很开心。
有些人很健谈，但你并不见得喜欢。
说到底，人与人之间还是要看眼缘，
所以我们也只能顺其自然。

150

束 缚

一个人从被喜欢的那刻起，
束缚就开始了。
他会担心"如果对方
不再喜欢我了怎么办？"

一旦有了这种想法，行为就开始变得讨好，
这样不断地勉强自己，总有一天关系会破裂。
摆脱这种束缚的方法，
就是从一开始就清楚地告诉自己：
"无论被喜欢还是被讨厌，都是对方的事情。"

151
放 手

活得轻松的方法，
就是向死而生。

从某种意义上说，
充满执着、充满欲望才是最有生命力的。
如果你太努力地想放手，
最终可能会感觉自己逐渐丧失了生命力。
放手的终极奥义，是连放手这件事都放掉。
就活出自己本来的样子，无论苦乐都接受。

152

看不起

看不起别人的人，
总有一天，
也会被别人看不起。

面对合不来的人，
就不要来往或者别去在意对方，
这才是合适的做法。
一边来往，一边又看不起对方，
这样做的人本身就有问题。

153

80% 的信任

在我遇到不好的事情，
情绪低落的时候，
我想明白了一件事。

"对别人哪，信任 80% 就可以了。"
无论对方多么优秀，
80% 的信任已经是极限。
剩下 20% 的信任，永远只留给自己。

154

误 解

人类是擅于误解的生物。
"就算被误解也无所谓"，
要做好这个心理准备。

被误解的时候，无论你说什么，
都会被认为是在找借口。
所以不必开口，等对方问到再回答。
重要的是不要自乱阵脚。
误会总有一天会解开。
如果解不开，那说明对方也就不过如此。

155
笑 容

如果你对自己
看人的眼光没信心，
那就选一个
笑容灿烂的人吧。

至少看见他笑的样子会被治愈。
他也很可能是个单纯、质朴的人。

156
遗忘力

人类的遗忘能力，
强大到远超出你的想象。

至今为止有过的痛苦，
过去了就忘了，然后继续生活。
所以这次也一定会过去。
尽管总有些事无法忘记，
但已经忘记的事更多。
只是因为你都忘记了，所以没意识到。

157

烦恼重重

人在烦恼重重的时候，
看世界的方式会发生改变。

你开始质疑，尝试改变一些事情，
你开始调查，试图寻求解决方案。
你开始看到那些以前看不到的东西。
换句话说，烦恼丰富了你的人生。

158
运 气

从一开始就依赖运气，
运气就会消失不见。

"只管努力，剩下的交给运气。"
这样的人会得到运气相助。
"世上无难事，皆可靠运气。"
这样想就糟了。
运气也有心性，
它只想支持那些努力的人。

159

后 悔

当然可以后悔，
就算全是后悔也没关系。

因为你在好好思考你的人生，
所以你才后悔。
这证明你很珍惜活着这件事。
当然，不后悔也是很平常的一件事。

160
善良

内心敏感、容易受伤的人，
通常也是心地善良的人。

这样的人变坚强的方法是，
将自己的善良付诸某个人。
对重要的人付出你的善良，
从而变得更坚强吧。

161

情 绪

很多精神科医生
都将情绪波动
视为一种"外在表现"。

这样就能变得客观，
也更容易找到解决方案。
比如，如果对方生你的气，
不要想"啊！我该怎么办？"
而要想"为什么他会表现出愤怒？"
这种思考方式，也有助于压力的减轻。

162

固执己见

如何应对固执己见的人？

想要改变他的想法很难，
搞不好还会被当成敌人。
"在他本人看来，他所认定的才是事实。"
最好从这个立场去接触。
既不肯定，也不否定。
"你这样想的话，一定很难受吧。
难怪会生气呢。"像这样去共情。
这也是应对有妄想症的人最好的办法。

163

小事不小

在某一点上
让你觉得有问题的人，
往往还在其他地方
隐藏着微妙之处。

所以，哪怕是很小的地方让你很在意，
也不要因为"这是小事"而忽视它。
要稍微留意一下，
毕竟很多小事累积起来，
也绝非儿戏。

164

谣 言

明明是你没做过的事情，
却有人在背后散布谣言，
别去管他就好。

正派的人都不会当真，
那些听风就是雨的人也不是什么正派人。
不要哭，不要生气，也不要讨好，
只要想想："这真是个无可救药的人。"

165

初 心

人难免会陷入低谷，
才华也有枯竭的时候。

有时你越是渴望，事情就越不会成功。
因为不知不觉中，愿望已经变成了执念。
而当初是因为喜欢才做，因为想做才做。
不顺的时候，请回到初心。

漫画专栏

所谓想做的工作

拼了！

如果不做好眼前的工作，

你就没办法去做想做的工作。

因为在做想做的工作之前，

你必须要做许多你不想做的工作。

哪怕你一边做一边发牢骚。

烦死了！！

烦死了！！

第四章

放下越多执念，你的内心就越强大

166

被讨厌

其实一个人，
很难被一直讨厌。

即使是被很多人讨厌的人，
当你看到他有所成长时，
也会忍不住想为他鼓掌。
一个人的言行变了，
就能从被讨厌变成被喜欢。
没有人身上永远刻着
"被讨厌者"的烙印。

167

尽 情

你宠溺你自己
又不会打扰任何人。
你取悦你自己
又不会打扰任何人。

所以啊，
就尽情地做你想做的事吧。

168

执念

想要变得强大，
就要放下更多执念。

这也放不下、那也放不下的人，
才会有更多的弱点。
你只需要把精力放在那些
你无论如何不能放弃的东西上。
不需要多余的装饰。
结构越简单的物件，强度越高。
人心也是一样。

169
真 相

世上没有谁，
能知晓全部的真相。

所以除了学问，追寻其他事情都不要过度。
否则会没有尽头，也不能保证一定有收获。
那些你搞不懂的事，可能本来就没办法搞懂。
特别是人心。

170

复杂

累了的时候，
不妨去动物园、植物园
或者水族馆看看。

看看其他生物，
原来活着如此简单。
简单却又生机勃勃。
也许正因为简单，才生机勃勃。
是我们把活着这件事，
弄得太复杂了。

171

时 间

当你无论做什么
都无法让情绪平静下来，
时间会最终治愈你。

所以别担心，
相信时间的强大。
放心地交给它吧。

172

原谅自己

弄丢了重要的人，
那就拼命地发狂吧。

拼命地宣泄情绪，
彻底地沉沦于坏心情，
变得讨人厌也没关系。
但也要原谅这样的自己，
因为最终你会变回来的。

173
交往

"这个人和我相不相配？"
一旦有了这种想法，
你们就无法愉快地交往了。

在一起很开心，这就足够了。
相不相配这种看待问题的第三方视角，
在两个人的交往中并不需要。

174

失 败

当你还在担心
"失败了该怎么办"时，
就先不要去挑战了。

"失败了就失败了，也没办法。"
能这样想的时候，是挑战的最好时机。
话虽如此，却很难做到真的这样去想，
特别是当你还很年轻的时候。
其实失败了也总会有办法。
上了年纪、经历多了，自然会明白这一点。
失败真没什么好怕的。

175
美好的意识

老是去想那些
让你不愉快的人，
没有任何好处。

有意识地只去想那些美好的人吧。
在讨厌的人身上花时间实在太可惜了，
如果有这个空闲，
不如去想想那些让你开心的人。

176

温柔

如果你希望被温柔以待，想必你一定知道温柔的重要性。

想要得到多少温柔，
就同等地甚至更多地
去温柔对待那些有需要的人。
温柔和爱不会因为给予而减少，
反而只会越来越多。

177
想做的事

最难回答的问题之一是
"如何找到自己想做的事？"

许多有这样问题的人，
都是小时候自己的意见经常被否定的人。
反正都会被否定，干脆就"没有想做的事"。
习惯了在这种状态下成长，
成年后也没有了想做的事。

178
原地徘徊

不管怎么反复思考，
始终都在原地徘徊，
没有心情向前一步。

那就这样也无妨。
你可以像海里的洄游鱼一样不停往返，
也可以像本地鱼一样总围着同一块石头盘旋。
如果没有心情朝前迈，那也是一种心情。
就痛痛快快地徘徊吧。

179

借来的人生

你现在所拥有的一切，
都不过是借来的。

你的地位，你的金钱，你的物品，
最后全部都要还回去。
不止如此，连你活在这个时代，
生而为人存在于地球这件事，
最终都要还回去。
于你来说，
重要的只有如何活好当下。

180
无 礼

哪怕是交往很久的朋友，
也没必要容忍他的无礼。

你应该好好提醒他，
如果他不反省，你会断绝来往。
当然，或许这对你来说也是种冲击，
但你从此也不用再承受他带来的压力。
对方或许也会因为受到冲击而改变，
不过别抱期待。
总之，这样做就好。

181

情绪反弹

情绪的波动，
就像被一根橡皮筋拉扯着。

当你向上拉扯的幅度越大，
它向下反弹的幅度也会越大。
换句话说，如果你在精力充沛时活动过多，
过后一定会疲惫消沉。
记住，在你精力充沛、情绪高涨的时候，
想做的事情只做一半程度就好了。

182

活着的理由

快要失去活着的理由时，该怎么办呢？

那就没有理由地活下去就好了。

我也遇到过同样的问题，

尽管如此，我的心还是告诉我：

"我想要活下去，越是失去了理由，

我越是要活下去。"

虽然之后一段时间很辛苦，

也有过因在过去无法自拔的日子，

但我还是热爱我的人生。

183

被比较

当你因为各种"被比较"
而感到辛苦时，
去看看路边的野草吧。

它们只管尽情沐浴阳光，
努力地、拼命地活着。
并不是要和谁竞争，
只是用尽全力活着。
这就是生命的本质。
别人怎么样，和你如何生活没有丝毫关系。

漫画专栏

热爱的强大

虽然想要胜过对方，

但怎奈能力不足，

那就在热爱方面胜过对方吧，

换句话说，就是，

持之以恒地坚持。

无论多么有才能，

不干了～

像彗星一样转瞬即逝的也大有人在。

但能坚持5年、10年、30年的人

却少之又少。

带着热爱长期坚持，

你的付出一定会开花结果。

184

不 满

所谓不满，
是你面对生活的一种态度。

问题，想要多少就能找出多少。
只要你的态度不变，不满就会源源不断。
所以当你试图解决不满本身，
总是无济于事。
"去享受你能享受的"，这才是最佳方案。

185

吃苦

吃苦，
不见得一定让人成长。

有些人以为选择更苦的路更好，
结果只落得一身疲惫。
其实就算没刻意选择，
人生也自会迎来历练。
为了历练的时刻，更应该保存好体力。
平时就轻轻松松地活着就好。

186
专注力

长大后烦恼增加了，
是因为我们无法
再专注于眼前的事。

无论在做什么，
总是一不小心就想到别的事。
要是想到了不好的事情就会烦恼。
如果还能像孩子一样专注在
眼前的风景、饭菜、谈话上，
生活就会轻松许多。

187

寂寞

随着年纪的增长，
寂寞也会与日俱增。

但这单纯是因为你的经历增加了。
你的寂寞会增加，
乐趣和开心也会增加。
只不过好的事情，
我们往往一不留神就忘了。
只是这样而已。

188

语言的力量

今天在咖啡店，
店员对我说："感谢您
一直以来的惠顾。"

这位店员我并不熟悉，
这家店我也是偶尔才去一次。
但加上"一直以来"就让我心情愉悦。
语言的力量真的很大，
特别是与人际关系有关的语言。
不花钱、不费力，就能实现天下太平。

189
忍耐力

所谓忍耐力，
是要养成"不用忍耐
也能搞定"的心态，
是要创造"不用忍耐
也能搞定"的环境。

简言之，忍耐的能力就是不用忍耐。
因为一旦觉得在忍，就很难坚持下去。
觉得忍，就换个别的活法吧。
这才是好好活着的意义。

190

想太多

活着这件事，
本就很奇怪。
既不知生前，
亦不知死后。

但你当下正好好地活着。

在身体这个容器里，有你自己的意识。

当你思虑越深，就越会觉得生命奇怪。

想太多的人为此也吃过不少苦头了吧，

所以还是别想太多了！

191
宣 战

向含沙射影骂你的人
宣战的方法。

你也旁若无人地说：
"有胆量就把话当面说清楚。"
不过，这个方法只限于
有心与对方战斗的人使用。
如果没有这份兴致，就别去管他。
也不需要背地里去说那人的坏话。
毕竟偷偷摸摸讲的话都很惹人厌。

192
朋 友

朋友不多也没关系，
甚至没有朋友也没关系。
就算是朋友，
也没必要无话不谈。

如何结交朋友是你的自由，
只要能过得舒心就足够了。

193
讨 好

越来越不想讨好别人了。

当我们不再有多余的担心，
越来越能展现自己的本性，
反而更容易和别人处得来。
如果因此被讨厌，说明你们本就不合适。
想要被人喜欢，
就要做好"即使被讨厌也不在意"的准备。
不过也别忘了照顾他人的感受。

194

吃 苦

那些吃过苦的人，
往往并没有满脸痛苦，
反而常常是一脸阳光。

他们明明一直面临着
总也找不到答案甚至完全没有答案的问题。
看到这样的人，我便会获得勇气。
原来人无论处在怎样艰辛的环境里，
都能有积极面对的能力。

195

沉 迷

为什么脆弱的时候，
不能沉迷于任何事情？
因为你会过于忘我，
以至无法自拔。

等你意识到时，
你已经失去了自主思考的能力。
这才是真正可怕的事情。

196

唯 一

谁都是独一无二的存在。

也许你自己都不曾知道，
对于某个人来说，
你也是无可替代的存在。
只不过他不好意思当面对你说。
但一定在某个地方有某个人，
认定了"非你不可"。
人就是这样独特的存在，
不是批量生产的机器人。

197
选 择

不知道想做什么时，
就选择一个相对
没有压力的事情做吧。

人生是一次长跑，
冲刺只留在确定需要的时候。
不要随便浪费体力。
不要动辄喘不过气。

198

享 受

享受当下正在做的事情。
让人生丰富的奥秘，
就藏在这里。

别把当下正在做的事情只当作一种"手段"，
因为"手段"是无聊的、乏味的。
如果这是旅程，你出发那一刻便是开始。
如果将前往目的地的路途只当作手段，
就只会想着能否顺利到达、如何打发时间，
那就什么都享受不到了。
人生也是如此。

199
受摆布

给正在受人摆布的你：

你还有许多朋友和熟人，
不止眼前这个人。
况且这个人很可能
与你今后的人生没有任何关系。
你无须被他耍得团团转。

200

顺其自然

不管人生多么一帆风顺，
焦虑和不满不会自行消失。

"要是一切顺利就好了"，
这种执念会生出焦虑和不满。
告诉自己"船到桥头自然直"，
你会轻松许多。
不需要什么理由。
就这样告诉自己就好。

201

真正的好人

真正的好人，
从没想着"希望大家
都觉得我是个好人"。

因为这样想的人只是想着自己。
是好人，还是想被当作好人，
分清楚很重要。

202

轻松的方法

让自己轻松的方法，
藏在自问自答里。

"现在让我烦恼的事，真的有必要吗？
是不是在自寻烦恼呢？"
这样的自我发问很重要。
养成了从这一步开始思考的习惯，
你会有各种各样的发现，
而且这个行为本身就能让你变得轻松。

不知道想做什么

"我不知道自己想做什么，没什么梦想和目标。看着那些说着'我想做这个'然后闪闪发光的人，我就特别羡慕。我该怎么办呢？"

——一位 21 岁的女性

咨询

想做的事情，并不是从一开始就有的。

在每天的日常生活中，你会突然对什么产生兴趣，突然发现"咦，这个挺有趣"，然后沉迷其中。这样一些小小的发现会慢慢长大，成为你的梦想和目标。

你没有梦想和目标，只是因为到目前为止，你都没有去留意日常生活中的这些小事。从今天起，在每日生活中去磨炼自己发现的能力，然后慢慢等待就好了，直到梦想和目标出现。在这个过程中，你就不断寻找、积累经验就好。

哪怕找错了，也不需要焦虑，更不需要着急地要求自己"我得快点儿找到"。享受自己寻找梦想和目标的过程，反正没有梦想和目标也能活下去，这没什么好慌张的。

我从小便喜欢看书，几乎天天去书店。那时候我想成为一名作家，但逐渐意识到这个梦想并不现实，于是慢慢就不再去想了。

但我并没有忘记它，在我成为医生以后，我以开通网络账号为契机，又重新拾起了儿时的梦想。我想你的心中也早已种下了梦想和目标的种子，只不过你还没有意识到而已。

203

下次再做

当你累了的时候，
就把"再做一点"
往后拖一拖吧。

人总是想要尽力而为，
于是经常会"再做一点"。
这样的"一点""一点"不断累积，
会让你变得很累。
所以这"一点"，下次再做吧。

204

压力

压力，不只看有多大，
还要看"会持续多久"，
这也很重要。

哪怕是小小的压力，
如果长时间持续，伤害也会很大。
人很容易只关注自己身上大的压力，
有时，去消除那些虽小但长久持续的压力，
会让我们的心情变得更加轻松。

205

羞耻心

回想过去，会有不少事情让我们感到羞耻。

没关系，谁都有。
况且，你能想到这些事并感到羞耻，
恰恰证明了你不是一个可耻的人。
真正可耻的人，
是那些不知羞耻，连想都不去想的人。

206

平台期

谁都有跌落谷底的时候，
或早或晚而已。

但这种时候感受到的痛苦和焦急，
是很重要的。
这就像你爬到了楼梯的平台处，
坚持住，相信自己总有一天能爬出来。
痛苦的时刻，正是你蜕变的时刻。

207

孤 独

孤独带来的不安，
或许能通过照顾他人
而得到些许缓解。

孤独导致不安的本质，
是担心"没有人陪在自己身边"。
那就主动去陪伴别人好了。
处于被动只会让不安更加强烈。

208

改变的意识

想改变生活方式和性格，
有些事立马就能实践，
但很多仍然是
"没那么简单"的事。

然而，"我想试试"和"那不可能"
是完全不同的两种想法。
只要有改变的意识，就能一点点地修正自己。
坚持积累就会有显著变化。

209

自卑感

人外有人，天外有天。
无论一个人多么优秀，
总有人比他更优秀。

尽管如此，
并不是人人都会被自卑感困扰。
总是仰头看别人的话，脖子会痛的。
我们要做的，不是仰望身边的别人，
而是凝望远处的目的地。

210

原封不动

逃离不喜欢的事情
也需要耗费精力，
所以也会觉得累。

但是全力去应对同样会很累。
那么该怎么办呢?
或许原封不动地放着是个好办法。
有喜欢的事情，就有不喜欢的事情，
就这样放着吧。

211

人生当践行

人生是活着这件事
的实践场所。

它不仅仅是个将想法放在头脑中的地方。
如果你觉得烦恼、觉得不安、觉得后悔，
就把你想要做的事情一件一件去实践。
当你行动起来，
你头脑中不必要的想法就会减少。
况且人生还不够长，不能只顾着想。

212

人际烦恼

有很多烦恼来自人际关系，
但最终来看，
"他人的存在并不存在"。

我们知道自己的存在，
而他人的存在仅限于我们脑中的认知。
人际关系的烦恼，从某种意义上来说，
是一场自己与自己的战斗。
如果人际关系让你感到辛苦，
那就学会淡化他人的存在吧。

213

抱 怨

"我过得好辛苦啊。"
尽量远离那些
满脑子都是这种想法的人。

他们听不进别人的话，
需要的只是同情。
这类人容易变得咄咄逼人，
甚至还会把矛头指向你。
在他们能够冷静思考之前，
就先等等看吧。

214

幸福的意愿

无论上天多么眷顾你，
无论你获得多大的成功，
你自己不想拥有幸福，
就永远不会变得幸福。

相反，有些人即使命运不佳、没能"成功"，
却擅于发现幸福，从而获得幸福。
幸福，取决于你的意愿和行动。

215

逗号人生

当你想打上句号的时候，
不妨先打个逗号试试。

打上逗号的话，
后面还可以加入和之前完全不同的内容。
况且，句号只能打一次，
而逗号可以打无数次。

216

耳旁风

他人的人生，
哪能那么轻易地否定？

谁都有状态不佳的时期，
不明白这一点的人实在愚蠢至极。
所以这种人说的话，
你就左耳进、右耳出吧。

217

不 满

心存不满没有任何好处。
毕竟就算你不满，
现状也不会有任何改变。

能改变的事情就努力去改变，
不能改变的事情就坦然接受。
好好洗把脸，把不满的表情都用水冲走吧。
比起一点用处也没有的抱怨脸，
还是阳光、积极的脸更帅气呀。

218

目 标

"人生要有目标"，
我觉得这句话错了。

所谓人生，
是当下的每一刻无缝衔接而成。
没有谁能预先设置好一个一个的终点，
那又何来的目标呢?
倘若被那些虚无的目标束缚，
甚至去比较那些虚无的目标，
把自己变得焦虑、逼得太紧，
真的大可不必。

219

时间不回头

要时常提醒自己，
"当下正在做的这件事，
正花着自己人生的时间"。

和金钱不一样，
时间用过了就不会再回来了。
它是不断在消耗的东西。
你可以把时间用来发呆、用来玩耍、
用来工作，都可以。
只要你认为将时间花在这件事情上，
是值得的。

220
撒 谎

我们不能
对自己的心撒谎。

这不是一句漂亮话，
因为就算没有朋友，
至少还有自己是自己的伙伴。
而一旦养成了对自己撒谎的习惯，
那就连自己都做不成自己的伙伴了。
你的心只属于你自己，
无论你怎么想，有何感受，
都没什么好羞愧的。

漫画专栏

或多或少的压力

压力就像压在泡菜罐子上的石头。

没有它，我们就很难达到成熟状态。

但这个石头太重的话，

罐子就会被它压垮。

要把石头彻底搬走。

不是说

安静～

胆战

心惊

调整石头的重量才是最重要的。

哦哦

GOOD!

221

吃和睡

说穿了，只要你还能
睡得着、吃得香，
就没什么过不去的。

我为来访者进行的压力治疗，
就是为了这两件事而做。
如果你对吃和睡都无能为力，
尤其是睡眠方面，
最好去看一下精神科医生。

结　语

　　书里的这些话让你感觉如何？你的心情有没有稍微变好一些呢？

　　这些话语的源泉有两个。一个是日常的诊疗。患者不只需要治病，也有很多日常的烦恼。这些烦恼也会对病情造成一定的影响。在看似闲聊的诊疗过程中，我也会对各种想法有不同的思考。

　　另一个就是自己的体验。30多岁的我迎来了自己人生路上的重大转折点。那一年，我失去了父亲，也失去了陪伴我长达七年半之久的伴侣，加之我的工作也发生了重大变化，需要我自己一个人面对的事情接连发生。那一刻，我认识到，我必须要学会靠自己解决自己内心的问题了。

　　幸好，我有一项奇妙的特殊技能。那就是在我烦恼时，脑海中总会灵光一现——"这种时候，你应该这样去想"。

　　那些曾经帮到过我的想法，我将它们分享给患者。而在诊疗中发现的点子，我也用在自己身上。这两个源泉就像双驾马车并驾齐驱，当我意识到时，它们已经形成了独特的哲学般的内容。

人生，生老病死不容选择，个中滋味唯有自知。谁都是一样。如果我的这些话，能够帮大家更轻松地克服那些普遍面临的问题，能够真正体验到"生而为人"的美好，那没有什么比这更让我高兴的了。

最后，对为了本书的出版辛勤付出的齐藤顺先生以及正在阅读本书的各位读者表示由衷的感谢。

希望各位的人生，都能闪闪发光。

精神科医生托米

2020 年 2 月